U0303601

瓶瓶罐罐里的
植物小世界

[日] 高桥洋子　著

军焰　译

中信出版集团 | 北京

图书在版编目（CIP）数据

瓶瓶罐罐里的植物小世界 /（日）高桥洋子著； 军
焰译 . -- 北京：中信出版社，2020.2
ISBN 978-7-5217-1137-0

Ⅰ.①瓶… Ⅱ.①高… ②军… Ⅲ.①观赏园艺－教
材 Ⅳ.① S68

中国版本图书馆 CIP 数据核字 (2019) 第 217616 号

RIME KAN TO GREEN NO STYLING BOOK: KANTAN DIY DE
TSUKURU KAZARU
Copyright © 2018, Youko Takahashi
Chinese translation rights in simplified characters arranged with
Seibundo Shinkosha Publishing Co., Ltd.
through Japan UNI Agency, Inc., Tokyo

本书仅限中国大陆地区发行销售

瓶瓶罐罐里的植物小世界

著　　者：[日] 高桥洋子
译　　者：军焰
出版发行：中信出版集团股份有限公司
　　　　　（北京市朝阳区惠新东街甲4号富盛大厦2座　邮编　100029）
承 印 者：北京尚唐印刷包装有限公司

开　　本：787mm×1092mm　1/32　　印　张：4　　　字　数：100千字
版　　次：2020年2月第1版　　　　　　印　次：2020年2月第1次印刷
京权图字：01－2019－3780　　　　　　广告经营许可证：京朝工商广字第8087号
书　　号：ISBN 978－7－5217－1137－0
定　　价：49.00元

欢迎来到植物与旧罐子的世界

大家好，我是高桥洋子，

一个超级喜欢

DIY（手作）和杂货旧物的老奶奶，

现在是大阪的旧物店Sugar Pine（糖松）的主理人。

我之所以开始旧罐子的事业，

是因为有一次我注意到有人把生锈的

空罐子打孔、切割，涂上油漆后开始售卖。

我当时觉得金属罐子特别有男性气质，

在得知这些罐子卖得特别好后，

我感到非常惊讶，

"这样也可以卖得出去吗？"

也正是从那时候起，

我开始探索旧罐子的世界。

当我把朴素的多肉植物
放进旧罐子做装饰之后，
开始有人说"想要这个"
"旧罐子和植物真的很搭呀"之类的话，
旧罐子与植物的相遇就这样开始了。

我们的家里一般都有很多空罐子。
去百元店的话，也可以买到各种各样的道具。
用自己亲手制作而不是花钱买来的道具与植物组合，
是不是也可以做出像刊登在杂志上的
那样有气质的作品呢？

答案是肯定的！

之后我创作的作品
开始不知不觉出现在店铺、花园和家里，
就这样一点点建立起植物与旧罐子的小世界。

这本书是我制作"植物与旧罐子"
作品的准则。
在为大家介绍制作方法的同时，
我忠实地遵循"慢慢来，
不要纠结过多细节"的想法，
为大家介绍我到目前为止的作品风格。

初次接触DIY和植物种植的人
也不必担心失败，
即使自己调制的涂料或是搭配不太成功，
依然可以从你的作品中发现独特的闪光点。

"完成了满意的作品，就想快点拍下照片
发到Instagram（国外一款社交软件）上啦。"
我也会有这样的心情，
所以这本书也会介绍一些可以
拍出Ins风照片的方法。

那么，
让我们一起享受这轻松愉快，
时尚又充满绿色的生活吧！

目　录

Chapter 03 Arranging Hydroponics

069 第三章 水培植物造型

Chapter 04 Arranging Dried Flowers

083 第四章 用干花做装饰

Chapter 05 Making Items That Go Well With Succulent Plants

097 第五章 制作与多肉植物搭配的容器吧

Chapter 06 Let's Take "Instagenic" Photos

112 第六章 来拍摄Ins风的照片吧

Let's Make DIY Tin Cans
第一章 开始动手做旧罐子吧

从百元店里购入的工具，
例如水性涂料、油漆、漏字板和贴纸等，
都可以拿来改造家里的旧罐子。
一起来试试看吧！

需要准备的工具

涂料、画笔和毛刷是改造旧罐子必备的工具，
在百元店就可以轻松入手。
为了展示出旧罐子的个性，颜色的变化也是必不可少的。
下面先介绍一下在百元店可以买到的工具。

※ **Ⓓ**（Daiso）和 **Ⓢ**（Seria）分别代表日本两家常见的百元店。

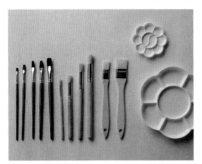

工具： 从左边开始依次为平笔5支、毛刷4支、15毫米和30毫米两种规格的油漆刷、花型调色盘大小各一。**Ⓓ**

装饰： ①②带字母的纸板，③④20厘米×12厘米的欧美风金属板，⑤字母转写贴纸，⑥哥特字体字母转写贴纸，⑦食品包装转写贴纸，⑧4张53厘米×76厘米的新闻包装纸。**Ⓢ**

水性涂料： 味道轻，干燥后耐水性强，用刷子或水清理都没有问题。

工作用水性涂料： 白色的通用性很强，是必备的颜色。颜色有很多种，选择自己喜欢的就好。从左到右依次是黑色、白色、象牙色、黄色、深绿色、深蓝色、红色、棕色，均为80毫升装。**Ⓓ**

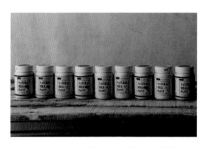

天然牛奶漆：和复古的风格色调比较搭，艺术感很强。从左到右依次是黑色、烟蓝色、烟绿色、烟红色、烟粉色、自然米色、深绿色、土白色、摩卡色，均为80毫升装。❶

丙烯颜料：耐水性强，味道也比较轻，刷毛可以直接用水清洗。尤其适合用来表现微妙的颜色变化。但是量一般比较少，从左到右依次是金色、银色、白色、黑色、赤色、青色、绿色、黄色和茶色，均为25毫升装。❶

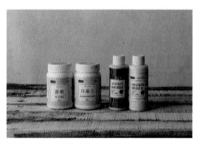

其他涂料：有着独特凹凸感的石灰涂料和硅藻泥涂料，还带有一种特别的复古感。从左到右依次是80毫升的水性石灰涂料、80毫升的水性硅藻泥涂料、50毫升的复古涂料和50毫升的裂纹涂料。❶

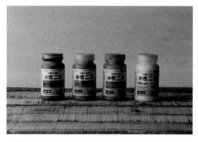

水性油漆：耐水性强，上色持久。从左到右依次是胡桃木色、柚木色、枫木色、乳白色（半透明），均为100毫升装。❶

黑板涂料：使用黑板涂料可以把罐子变得像黑板一样，可以用粉笔在罐子上面写字。这两瓶分别是黑色和绿色，均为60毫升装。❺

水性涂料属于含挥发性有机物较少，对身体影响比较小的涂料。如果不小心弄到手上也是可以洗掉的。

来涂空罐子吧

那么我们就开始亲自动手改造旧罐子吧！
首先是涂空罐子。
刷毛不整齐也没关系，
使用的时候稍微修剪一下就可以了，
这样涂完会显得比较自然，也是比较简单的做法。

涂得有些粗糙也没关系

准备的物品：空罐子、水性涂料、毛刷

小贴士 毛刷比画笔更适合用来涂空罐子，
用水清洗即可，十分方便。

准备空罐子。家里各种各样的空罐子都可以拿来涂色。

有包装的罐子需要先把包装撕掉。

如果表面有胶残留也没关系，这样涂出来也别有一番风味。

涂料在使用前需要轻轻摇晃混合均匀。

先用水性涂料薄薄地涂一层，干燥之后再上色。自然干燥30分钟至1小时，使用吹风机可以缩短干燥时间。

有时候涂料会刷得不均匀或者不够美观，如果遇到这种情况，可以等涂料干燥之后再涂1~2次。

旧罐子的制作方法

了解涂料的附着力

为了防止涂料剥落，对于附着性不好的罐子，可以在刷涂料前先用砂纸打磨或者喷金属底漆；也可以先用砂纸打磨，再喷金属底漆。这样罐子的附着力会变强。

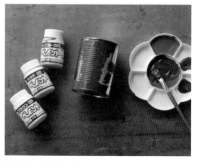

制作喜欢的颜色

在找不到喜欢的颜色的情况下，可以混合涂料制作喜欢的颜色。同种的涂料基本上都可以相互混合，但因为是自娱自乐，所以品牌不同的涂料混在一起也是可以的（需要注意的是，不同品牌的涂料混合有可能会造成涂料附着力变弱，容易剥落、出现裂纹）。

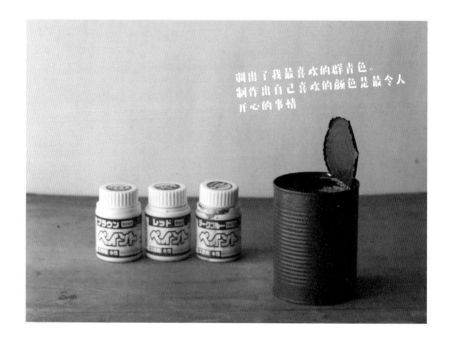

调出了我最喜欢的群青色。制作出自己喜欢的颜色是最令人开心的事情

使用自然涂料

使用自然涂料会让颜色变得更加柔和。
百元店Seria里的自然涂料种类非常齐全。
下面就介绍一下Seria店里售卖的涂料。

水性涂料：烟粉色是柔和的浅色，土白色是白色中带着黄色。从左到右依次是烟粉色、烟蓝色、黑色、土白色、烟绿色、奶油色，均为80毫升装。

水性油漆：特性已经在第3页介绍过了。一般不会有太大的差异，但是可以选择好一些的品牌。从左到右依次是水性胡桃木色、水性枫木色、水性去光泽油漆，均为80毫升装。

丙烯颜料：上排从左到右依次是20毫升装的白色、黑色、青色、赤色、黄色、银色、金色。下排从左到右依次是20毫升装的奶黄色、水绿色、珊瑚红色、土黄色、琥珀色，以及白色、蓝色、黑色、红色、黄色。

粗糙的质感也不错♪

使用漏字板装饰

用百元店里售卖的漏字板，
打造一种粗糙的效果，
我认为这也是它的一大优点。

准备的物品：刷好的罐子、漏字板、漏字板刷、丙烯颜料

小贴士 🖌 也可以使用水性涂料，但是丙烯颜料质地更加浓稠，所以推荐使用丙烯颜料。

首先确定要使用的漏字板的部分，然后在其他地方贴上胶带防止蹭到颜料。

将丙烯颜料挤到调色盘上，用刷子蘸取少量颜料，并蹭掉多余部分。

用手压住漏字板，拿胶带固定之后开始涂字。

涂字的时候，请使用干燥的刷子。
为了制造粗糙的效果，可以反复涂几下以调整浓度。

用铁丝
做个提手吧

准备的物品： 刷过字的罐子、开孔用的钉子、锤子、铁丝、尖嘴钳或老虎钳

将罐子拿来种植植物的话，要在罐子底部用钉子打几个孔用于排水。

在罐子两侧准备装铁丝提手的地方分别打孔。开孔位置可以用魔术贴之类的东西标记一下。

将铁丝两头分别穿入打好的孔中。将铁丝的前端用钳子拧紧。

带提手的旧罐子完成。你还可以把它挂起来。

制作原创漏字板

在电脑中选择加粗的
字体作为漏字板上的文字，
然后将你喜欢的文字打印出来。

准备的物品：打印好的文字、用于刻字的纸、透明塑料板、涂好的罐子、丙烯颜料、毛刷、美工刀、切割垫板、尺子

在切割时有些字母比较容易剥落，给这部分画线做上记号，先不要切割。

将印有文字的纸放在切割垫板上，再将透明塑料板压在上面。用胶带固定透明塑料板防止它移动，然后开始切割文字。

确定好需要漏字的位置，用胶带把漏字板固定好。

用蘸有丙烯颜料的毛刷从上往下刷，有一些涂抹的痕迹会更有味道。

轻轻放置等待干燥。就算失败了也没关系，可以给罐子重新刷一遍涂料后再试一次。

使用转写贴纸轻松装饰

用从百元店购入的转写贴纸装饰旧罐子。
与漏字板不同，只需要将转写贴纸贴到罐子上即可，非常简单。

准备的物品： 涂好的罐子、转写贴纸、一根木棒、哑光油漆

小贴士 🖌 在贴纸上涂一层油漆，就不那么容易剥落和生锈了。将罐子全部涂上油漆可以增强防水性。油漆有些光泽也没关系，因为只有涂过油漆的部分才会有光泽。

剪下需要用的转写贴纸部分，确定贴的位置，将贴纸贴上。

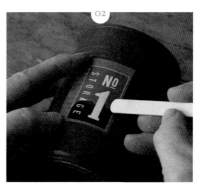

用手压住固定，再拿木棒用力来回刮几次，转写完后轻轻地把这层透明的纸撕掉。

转写贴纸的耐热性、耐水性都不错，为了进一步增强耐水性，可以再涂一层油漆。

用于种植物的话，需要用钉子在底部开几个排水孔。

贴上复古风的贴纸

剪下英文报纸或者喜欢的杂志做成标签，
再将其用棕色系的油漆或复古色系的涂料
加工为复古色的贴纸。

准备的物品： 涂好的罐子、毛刷、水性油漆（枫木色）、木工用黏合剂、中性复古色涂料（焦茶色的涂料也可以）、英文报纸、剪下的杂志

小贴士：木工用黏合剂防水性差，但用于空罐子的话影响不大。水性油漆的涂层附着力强，干燥时间短，使用起来非常方便。

在想做成标签的地方，用毛刷涂上水性油漆。颜色太浓的地方可以用水稀释，太淡的地方可以重复涂几次。

确认罐子上需要贴标签的位置和标签的大小。标签上有锯齿的地方可以用毛刷蘸上复古色涂料涂一下。

在做好的标签背后涂上木工用黏合剂。如果黏合剂凝固了，用适量的水稀释一下。

将标签贴在罐子上的时候要保证中间不留气泡。用手指挤出空气、固定标签，注意动作要轻柔，不要把标签弄破。

做旧的复古风

使用制作标签时用的复古色涂料
还可以把罐子变成复古风。

这是一个独一无二的旧罐子♪

准备的物品： 贴了标签或者有漏字的罐子、海绵、复古色涂料（焦茶色也可以）、调色板（可以用切开的牛奶盒）

小贴士 🖌 最好使用洗车用的粗海绵，没有的话厨房用的海绵也可以。

用海绵蘸上涂料，并将多余的部分擦掉，然后在调色板上蘸一下，这一步就是打造复古做旧效果的秘诀。

罐子的两端是最容易弄脏的地方，拿海绵在这里蘸一下会有比较真实的感觉。

复古风的旧罐子完成。

小贴士 🖌 用漏字板刷出的罐子也可以通过这种方法得到复古的效果。

放在玄关迎接客人也
是不错的选择♪

给带锯齿盖子的罐子涂上黑板涂料

带锯齿盖子的金枪鱼罐头
也可以被改造成很漂亮的罐子。
刷过黑板涂料后，
可以很方便地用粉笔在罐子上画画或写字。
将它作为礼物也不错。

准备的物品：金枪鱼罐头、开罐器、钉子、锤子、黑板涂料、毛刷、漏字板、漏字板刷、丙烯颜料、粉笔

小贴士 黑板涂料涂起来比较容易，干燥后耐水性较好。也可以用哑光的黑色涂料或黑色的牛奶涂料代替黑板涂料。

将罐子的底部切开，并保留部分与罐头瓶相连。

取出里面的金枪鱼后，将罐子清洗干净。

将黑板涂料用水稀释后涂在罐子上。为了达到与黑板同样的效果，干燥后再反复涂2~3次。

完成后的罐子有了哑光的效果。可以用漏字板或复古标签再装饰一下。

使用石灰涂料制作有凹凸质感的罐子

比只使用石灰涂料的罐子更进一步，
来制作有凹凸质感的罐子吧。
这里使用的是从百元店购入的石灰涂料和硅藻泥涂料。

左边罐子使用的是石灰涂料，右边罐子用的是硅藻泥涂料

准备的物品：空罐子、水性涂料、石灰涂料、
硅藻泥涂料、金属底漆、毛刷、刮刀、海绵、
砂纸、木工用黏合剂、水性漆

石灰涂料和硅藻泥涂料都比较容易剥落，所以要用砂纸把空罐子外面打磨得粗糙些。

将空罐子表面喷满金属底漆。因为金属底漆有挥发性，最好在室外操作并戴上口罩。

将石灰涂料稀释后用毛刷从上往下涂（左）。干了之后使用刮刀涂抹硅藻泥涂料，要涂得厚一些（右）。涂得比较厚的话，会产生一些裂纹，也是很独特的效果。

全部涂完后静置晾干。石灰涂料会慢慢地下滑，放置5~10分钟稍微干燥之后，用刮刀或手指（要戴手套）进行调整。至少放置半天时间。

想要进一步装饰的话，可以用海绵涂一些水性颜料上去。

贴上做好的标签，刷上一层水性油漆就完成了。

用开尾钉和皮革制作多肉植物手提罐

使用开尾钉和皮革，可以把空罐子做成"手提袋"。
用开尾钉可以轻松给罐子装上提手。
制作各种颜色和形状的手提罐，
再种上不同的植物，会是一件非常有趣的事情。

准备的物品：涂好的罐子（左图是还没涂好的罐子）、2个开尾钉（可以在文具店或超市买到）、皮革、钉子、锤子、剪刀、切割垫板

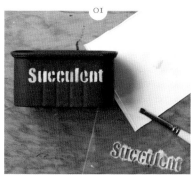

01

在涂好色的罐子上印上字。罐子的底部用钉子开几个排水孔。

02

在罐口两侧下方1厘米处，各开一个直径3~5毫米的孔（从内部开孔比较容易）。

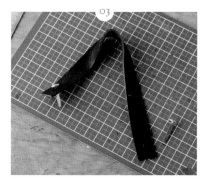

03

把皮革剪成1.5厘米宽、22厘米长的带子，在距两端约1厘米的地方纵向划一个3~5毫米的口子，插入开尾钉。

04

把开尾钉插入罐子中，从外侧把开尾钉打开，手提罐就完成了。

用牛仔布装饰罐子

闲置的牛仔服修剪后，
可以用来制作简单的罐子，
也可以贴在花盆或布丁盒表面做装饰。

不管和什么家具放在
一起都很搭

准备的物品： 空罐子、木工用黏合剂、闲置的牛仔
服、剪刀

小贴士 把牛仔服剪成布条可以更好地贴合罐子。
使用带有口袋或拉链的牛仔服会增加高级感。根据
牛仔服颜色的浓淡来拼贴和组合其实并不难。

制作前需要先把牛仔裤腿内侧部分剪开，向底部折起。
确认牛仔布的尺寸和容器大小非常合适之后，
剪掉牛仔布多余的部分，再往容器底部折。
做出如此有格调的容器其实并不需要花费太多的时间。

用铁皮桶繁殖景天植物吧

旧罐子也可以用来繁殖景天植物。
景天虽然是多肉植物，却不像平时看到的那些胖乎乎的品种，
而是有着小而薄的叶子，并且更容易种植。
将景天植物剪断后，只需要将它插在土里，就可以繁殖出大量的后代了。

小贴士 把景天植物放到户外种植吧。把景天植物剪断后拿来扦插，可以繁殖出大量的后代，尤其适合初次种植多肉植物的新手。景天植物的叶片小而薄，与其他多肉植物相比，更需要及时补充水分，但也不要一次浇太多。冬、夏两季是景天植物的休眠期，休眠期之外的时节都可以进行繁殖。梅雨季节土壤中容易生出细菌，一定要多加注意。

准备景天植物。花店里可以买到各个品种的景天植物以及混合苗组合。

准备铁皮桶。百元店等店铺会出售各种各样的铁皮桶。

在铁皮桶的底部用钉子开几个孔。

为了减少铁皮桶的光泽，可以将其放在用水稀释过的醋里浸泡。

※食用醋就可以，想要尽快去掉光泽的话，可以多加些醋。只用水也可以使其慢慢减少光泽。

给懒人准备的
简单种植法

下面介绍一种非常简单的种植景天植物的方法。

把景天植物用剪刀修剪成1~3厘米的长度。

在底部已经开过孔的铁皮桶里放入多肉植物专用土。轻敲铁皮桶底部让土均匀分布，浇透水（种好之后再浇水也可以）。把修剪好的景天植物分散放在土壤表面。

在植物间的缝隙里填上一层薄薄的土就完成啦。

更讲究一些的
种植方法

在底部开过孔的铁皮桶里放入湿润的多肉植物专用土，用镊子把修剪好的景天植物仔细种进去。不到一个月，景天植物就变得这么

茂盛了，它们真的只需要很短的时间就可以长得很漂亮。

第二章　让绿色变得有格调

使用身边的东西,
让植物从高处垂下来, 或是把植物挂在墙壁上。
来制作一些让生活变得更有格调的东西吧!

把鹿角蕨做成苔玉挂起来，可作为万圣节的装饰

挂起用麻布包住的
鹿角蕨苔玉

*Interior*等杂志非常喜欢鹿角蕨，
大概是因为它很容易种植。
做成苔玉的鹿角蕨可以用麻布包好之后再悬挂起来。

准备的物品： 鹿角蕨、水苔、铁丝、麻布、麻绳、调色盘、丙烯画具、漏字板刷、海绵、钉子

小贴士 水苔干了以后会变轻。可将水苔用麻布包起来，先在水里泡10分钟左右。

苔玉的制作方法

在不伤害鹿角蕨根部的情况下把根部外围的土剥掉，根部附近的土可以适当保留。

把泡过水的水苔挤掉一些水分，将鹿角蕨的根部包裹住，双手反复按压，做成球状。

用麻绳把水苔缠起来，避免脱落。

将铁丝穿过苔玉，穿的时候注意保持平衡。如果觉得有难度的话可以先用钉子开一个口。

铁丝穿过之后，保留适当的长度，将多余部分剪断，然后把两端拧在一起。

把铁丝顶上的部分拧成一个圆环，苔玉就完成啦

在麻布上做漏字

把麻布剪成可以将苔玉包起来的正方形，去掉边缘的麻丝，留出一小部分线头。

开始做漏字，具体方法可以参考第8页。

漏字就做好啦。

用麻布把鹿角蕨苔玉包起来，拿麻绳缠绕两圈后打上蝴蝶结，将麻绳保留适当的长度，并将剩余部分剪断。

用织物板制作空气凤梨支架

使用现成的织物板、开尾钉和皮革制作空气凤梨的支架。
织物板上的英文和空气凤梨会让整个家居环境变得更有格调。

准备的物品： 织物板、4个开尾钉、皮革、切割刀、切割垫板、尺子、锥子

小贴士 使用开尾钉比铆接（用铆钉连接）操作起来要简单得多。

把皮革切好，黑色皮革是用来做空气凤梨的支架的，尺寸为2厘米×15厘米；挂钩的部分需要两块茶色皮革，尺寸为2厘米×10厘米。

将黑色皮革放在织物板上，用锥子用力地钻出插开尾钉用的孔。皮革的位置可以按照个人的喜好来确定。

将开尾钉穿过皮革和织物板。

在织物板的背面把开尾钉的"尾巴"打开。

把黑色皮革用开尾钉固定在空气凤梨不会掉落又相对宽松的位置。

将皮革左边多余的部分用剪刀剪掉。

将两块茶色的皮革分别对半折，在合适的位置用开尾钉固定。

放入空气凤梨之后就大功告成啦。

空气凤梨的简单栽培方法

Tillandsia（凤梨科植物）通常被称为空气凤梨，这类植物不需要土壤就可以生存。似乎很多人认为空气凤梨不需要浇水，只需要吸收空气中的水分就可以生存。

其实，据我了解这种认知是错误的。有人可能会觉得栽种空气凤梨很麻烦，但它们其实很容易养护，关键就在于按节奏浇水，保持根部干燥。下面我就来讲讲具体的栽培方法吧。

观察空气凤梨的状态，用喷洒水雾的方式，一周浇1~2次水即可。冬、夏两季都应减少浇水次数。如果是在开着空调的室内，空气比较干燥，则要增加浇水次数。

浇完水之后，让空气凤梨彻底干燥是关键。如果根部有水分残留，很容易导致植株腐烂。为了防止根部有水汽残留，晾干时应将根部朝上放置。

如果因外出旅行等原因，长时间无法浇水导致叶片干枯，应将空气凤梨先在水中浸泡1~3小时。空气凤梨会在夜间打开气孔，所以选择在傍晚或晚上浸泡效果会比较好。

浸泡完之后，把根部朝上晾干，晾干后再倒转过来。春秋季节天气比较好的时候，让空气凤梨接触一下外面的阳光（不能直晒）和风，它们会生长得更好。

小贴士 空气凤梨最好放在没有直射阳光、明亮的窗边。通风也很重要。冬、夏两季还应注意避免空调直吹。

用篮子与棉绳制作简单的挂篮

使用篮子和棉绳制作挂篮,
把绿植悬挂起来,是现在比较流行的做法。

可以自由
调整高度

准备的物品: 1根棉绳(直径4毫米、长6米)、篮子、铁丝、直径3~6厘米的瓶子、钳子、剪刀、胶带

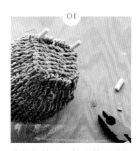

01

准备好篮子。如果篮子底部带有支撑腿，先把树脂的腿套拔掉，然后用钳子把金属部分剪掉。

02

用铁丝制作挂环：将铁丝绕着瓶子缠2~3圈，然后用钳子剪断。

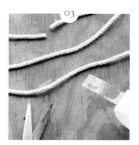

03

把6米长的棉绳剪成同样长度的3段。把要剪断的部分先用胶带缠起来，避免剪开之后绳头散开。

04

将绳子对折，把对折的部分穿过挂环，再将绳子的前端穿过（如图所示）。

05

取两根绳子，在离挂环15厘米的位置打一个玉结。在需要打结的地方用遮蔽胶带或者魔法贴做上标记会比较方便。

06

把篮口边缘三等分，取两根绳子从三等分点位置的内侧穿出，在穿出的部分前端打上玉结。

07

作为轴的内侧绳子

玉结②

前端的玉结

以内侧的绳子为轴，在离篮口15厘米左右的地方把外侧绳子的前端挂上，按照图中玉结②所示打结。

08

作为轴的内侧绳子

玉结②

前端的玉结

在玉结②的上面，把前端的玉结再打一次结。这样就可以作为轴来回滑动了。

09

按照步骤8的样子调整玉结的长短，用同样的方法将另外三个方向的绳子也打上结。放入植物后就可以把它悬挂起来啦！可以通过调节绳子的长短来保持平衡。

平凡无奇的塑料花盆经过一番改造
之后，也可以拥有独特的气质

塑料花盆装饰法

如果你正在犹豫要不要扔掉花园和阳台角落里闲置的塑料盆，
先试着给它们涂上颜色吧，一定会有出人意料的效果。
现在就开始让花盆大变身吧！
可以将图案直接手绘上去，
如果不擅长手绘，也可以先用电脑将图案打印出来再转印上去。

准备的物品： 塑料花盆、油漆、丙烯颜料、细画笔、毛刷、文字原稿、碳纸、遮蔽胶带、铅笔

小贴士 🖌 画得不好也没关系，自然的样子也很可爱。塑料花盆很轻，特别适合悬挂起来欣赏。

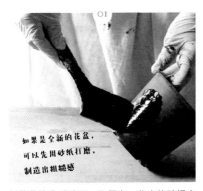

把花盆洗净后晾干。即便有一些小的破损也没关系，油漆的附着力比较强，可以就这样直接涂上去。

全部涂完后将花盆晾干。如果涂得不太均匀，可以等晾干之后再涂一遍。

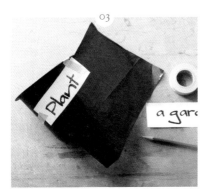

晾干之后开始准备装饰文字。选择喜欢的文字，用电脑打印出来。确定位置后将打印纸与碳纸夹在一起，用铅笔在花盆表面将文字描出来。

用细画笔蘸上丙烯颜料，在花盆表面描出转写的文字，等文字晾干后就完成了。

用烟灰缸制作高级的天平秤盘

使用铁皮烟灰缸和铁链制作天平秤盘。
将铁皮烟灰缸用铁链穿起来之后就像一个天平秤盘，
瞬间成为有高级感的室内装饰。

准备的物品： 直径20.5厘米的铁皮烟灰缸、3条带钩的长铁链、钉子、锤子、扁嘴钳

在要开孔的3个位置处做上标记。

在标记处用锤子和钉子开孔，为了调整开孔的形状，开好孔后把烟灰缸翻转过来，从背面再钉一次。

开孔周围有毛刺的话容易扎到手，需要用锤子敲打平整。

用扁嘴钳把铁链一侧的S形钩子夹住取下，并将前端稍微掰直。

把铁链的前端从烟灰缸正面的开孔处穿过去。

用扁嘴钳把铁链前端掰弯，保证铁链不会脱落。

将另外两根铁链以同样的方式穿过开孔处。

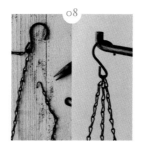

把3根铁链全部挂到S形钩子上。

把天平秤盘悬挂起来，调整好平衡。

把鹿角蕨挂在沉木上做壁挂装饰

鹿角蕨是附生在其他树木和岩石上的植物，
可以附着在木板上生长。
挂在墙上可以获得很好的展示效果。

准备的物品： 鹿角蕨、沉木、水苔、麻绳（塑料绳或铜线都可以）

小贴士 ✎ 先把从海边捡到的沉木放到桶里浸泡一周左右，去掉盐分，彻底晾干之后再使用。

在沉木板上开1~2个孔用于悬挂。开完孔之后可以装上三角挂钩，有些沉木上原来就有孔，可以直接悬挂。

为了防止滑落、保证装饰效果，可以把下方的小块沉木从内侧用螺丝（或者小木棒）固定。

接着处理鹿角蕨。去掉鹿角蕨根部的土，可以多去除一些。

将水苔里的水稍微挤掉一些，把土周围压实做成苔玉形状。把水苔反复贴到上面，做成球形。

在放鹿角蕨的地方，铺一层薄薄的挤过水的水苔，并将其压实。

在压实的水苔上面放上做好的苔玉，把湿润的水苔做成山丘的形状。

用麻绳把裹满水苔的鹿角蕨在沉木板上绑好，多捆几圈固定，松紧度以鹿角蕨和水苔不会掉落为宜。

最后把麻绳打结。麻绳可能会腐烂导致鹿角蕨掉落，用塑料绳或铜丝再固定一下比较安全。

小贴士 浇完水之后，暂时先将它放置于阴凉处。鹿角蕨的根系会伸入沉木板中。浇水时，可以把沉木板放到桶里浸泡，也可以直接用水壶浇水。

制作水泥花盆

水泥花盆和现代前卫的室内风格特别搭。
下面先介绍最基本的水泥花盆的制作方法。
我原本以为挺难的，没想到居然非常简单，
重复使用两个不同大小的塑料容器就可以了。

工业风的感觉非常棒♪

准备的物品： 混合水泥（家用灰浆、速干水泥或速干灰浆等）、两个不同大小的塑料杯、使用过的塑料袋、胶带、吸管、平铲、足够重量的螺丝或其他重物、美工刀、尖嘴钳或其他钳子、明矾

※混合水泥与速干材料搭配使用的话可以干得更快。

01

混合水泥的量大概是大杯的七八分满，加水量可以参照包装袋上的说明。

02

把混合水泥倒在容器里，加水后尽快搅拌均匀（因为水泥有速干的特性，必须尽快操作）。

小贴士 水泥里加的水越多，凝固需要的时间就越久。多多搅拌可以让水泥花盆更加光滑，减少搅拌次数可以使得花盆表面变得更加粗糙。需要注意的是，如果混合比例不当，水泥会出现干裂等情况。

03

将混合好的水泥倒入大杯里。轻轻敲打杯子底部或者将其在桌面上轻磕，以去除里面的空气。

04

把小杯放到大杯中间。为了防止小杯浮起来，把足够重量的螺丝放进小杯里（小石块也可以）。注意不要放太多，否则小杯会沉到底部。

05

一些微妙的细节调整会比较困难，可以用胶带帮助固定位置（不在小杯里放重物，直接用胶带固定也可以）。

06

想在盆底开孔的话，需要在混合水泥半干的时候把吸管从杯子外面插入。半干所需的时间会因水泥种类、季节和加水量的不同而有所变化。

07

混合水泥干了之后，先用尖嘴钳等工具把中间的小杯剥掉，然后用美工刀把外侧的大杯剥掉。

08

完成。盆口边缘的部分有些锯齿和变形，这些都是手工留下的痕迹，会给花盆增加一种天然的味道。

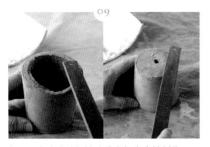

如果不喜欢这种粗糙感或者担心会被划伤，可以用锉刀或砂纸打磨盆口边缘。如果花盆底部不平，也可以用砂纸打磨调整。

直接种植植物的话，水泥的碱性会导致植物枯死。待其彻底干燥之后，将水泥花盆用明矾水浸泡以中和碱性。明矾的用量略大于水量的1%，需浸泡一周。

用篮子制作水泥花盆

准备的物品： 除了篮子，其他的工具都和用杯子制作水泥花盆时所使用的一样

把水泥混合好后涂到篮子表面，内侧也涂上。水泥稀一点会更容易涂抹。

如果想给篮子开孔的话，在水泥半干的时候，把木棒从篮子底部插入就可以了。

干燥之后（半干也可以）用比刚刚稍微硬一点的水泥从上往下涂抹。

涂好后晾置一天。再放入明矾水中浸泡一周以上，用水洗净就完成了。

涂抹水泥的时候，把容器涂成不同的形状会非常有意思

从跳蚤市场买来的儿童长靴，涂上胶水后再涂上水泥，就变成了一个独一无二的花器

DIY多肉植物塔

我们常常会在国外的网站上看到用铁皮桶做的多肉植物塔，堆叠在一起的铁皮桶有一种神奇的平衡感，是一种十分可爱的搭配。

准备的物品： 4个铁皮桶、圆柱形支柱、细铁丝或钢丝、尖嘴钳或其他钳子、锤子、螺丝刀

把圆柱形支柱拆开，用钳子把圆环部分剪开后从支柱上取下来。

把圆柱形支柱上的盖帽和固定圆环的夹子（后面要用到）取下来。

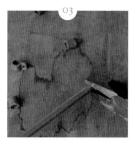

如果盖帽很难拔掉，可以用钳子夹住，轻轻旋转几下，就可以轻松地拔出来了。

先模拟想要做出的塔形，调整好各个铁皮桶的摆放位置，方便之后种植多肉植物。

模拟好之后，根据圆柱形支柱大致通过的位置，用记号笔在铁皮桶底部做上标记，从内部用钉子开孔。

在铁皮桶底部多开几个排水孔。

将支柱穿过最上面的铁皮桶，在支柱通过铁皮桶的下方位置处装上夹子，并用铁丝将夹子固定好。

把铁丝穿过夹子之后，将其两端插入铁皮桶内部，再穿出来并在支柱上缠绕几圈。

小贴士 如果只是将支柱穿过铁皮桶，而铁皮桶较轻的话，整个搭配也是可以立起来的，不过还是需要用铁丝和夹子进行固定，以防晃动。

先在铁皮桶底部放入盆底石后再放入土。然后把各种各样的多肉植物放到不同的铁皮桶里看看效果吧。

将4个铁皮桶叠放固定之后，放到有土的花盆里立起来。旧土和较硬的土比较适合固定多肉植物塔，如果不好固定，可以加入石头或者砖块来加固。

小的多肉植物可以用镊子种植，也可以把景天等在庭院里繁殖得比较多的多肉植物剪下来种植进去。

多肉植物塔就完成啦。
给铁皮桶涂色最好是在组合成塔形之前哦

上传到Ins上的照片里仿佛漂浮
起来的罐子们。

完美融入生活中的旧罐子们，在窗台上自由组合，有种独特的美感。

将复古秤融入搭配场景中，会比只使用旧罐子增加许多乐趣。

虽然是固定的桌面搭配，但在墙壁前放上旧木门和盆栽，可以迅速提升整体空间的层次感。

废弃物花园里的特别道具

我家的废弃物花园里种满了各种各样的多肉植物。废弃物就是你不再需要的物品，但是扔掉又会有一种"可惜了"的感觉。在扔掉它们之前，考虑一下将它们改造成可爱的花盆，想必会是一件非常有意思的事情。

废弃的鸟笼变成了多肉植物的乐园。多肉植物在里面长得也非常好。

电饭煲旁边原来不知道是做什么用的铁块。表面的铁锈非常符合废弃物花园的气质。

工厂使用过的外形仍然保持良好的方形铁槽，在底部开孔之后就可以种上景天植物了。

篮子是废弃物花园的必备品。人们也会被这种从废弃物里救出来的绿色所治愈。

给旧的排水管刷上颜色，上管口处种了野草莓，左侧管口处种了景天植物。

旧煤气炉表面的铁锈为整个造型增添了一份高级感。

家里放满了和植物超级搭的小物

在家中仔细找找的话，也会发现很多被藏起来的可爱"废弃物"。
像是软木塞、孩子小时候的玩具小汽车……稍微花点心思就可以把它们做成多肉植物的花盆。
享受自己动手的乐趣，一起来做各种各样的花器吧！

用缝纫机的梭芯做轮子，软木塞做车身，然后
和奶泡杯放在一起。

在玩具小车里种上植物，会让它变得很可爱。

图中的花器居然是用蛋包饭模型做的，但是需
要把它倒置过来使用。

在布丁形状的容器里种上植物后，再把它放在
从百元店买来的迷你椅子上。

Chapter
03
Arranging Hydroponics
第三章　水培植物造型

用复古的瓶子、玻璃杯和果酱瓶做水培容器吧！
相信一定能和室内装饰搭配出有趣的组合。

房间里弥漫着
风信子的香味♪

使用酿酒的密封罐
栽种的水培风信子

密封罐就是有盖子、可以密封的玻璃
容器。我用酿酒的密封罐和铁丝制作
了简单的风信子水培瓶。

一起来挑战水培风信子吧!

准备的物品：密封罐（空瓶子或者杯子也可以）、风信子的球根、铁丝、尖嘴钳、瓶子或罐子（用来缠绕铁丝）

小贴士 🖌 球根接触到水的话容易生细菌。根会寻着水生长，所以关键是根长出来之后就要控制水的量。

剪一根150厘米左右的铁丝，为了能放上球根，在合适大小的瓶子或罐子的外壁绕两圈，先不要剪断铁丝。

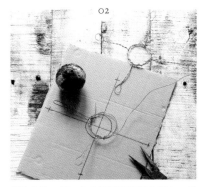

将铁丝的一端，往中间圆环的部分插入，绕圈固定。在每一个四等分点的位置上制作6~8厘米长的支撑腿。最后把铁丝剪断收紧。

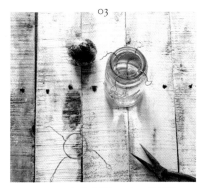

将铁丝的圆环部分稍微向下压，挂到瓶口，再将外侧的支撑腿向下弯折。

放上球根。生根之前需要将其放置在阴凉处。长根之后，要注意控制水位，避免把球根泡在水里。

家里的任何一件东西都有
它的独特价值♪

用起泡酒的金属件来水培
葡萄风信子吧

当我在思考有什么东西可以当作球根架子的时候，
正好看到了起泡酒的金属件。
那么就用它来挑战水培葡萄风信子吧！

准备的物品：葡萄风信子的球根、起泡酒的金属件、空果酱瓶、尖嘴钳

小贴士 明显长出根系后，需要将葡萄风信子移到光线明亮的窗边，它会慢慢长出叶子。为了防止生出细菌，最好不要将它放在空调房里。

01

将起泡酒金属件上的瓶盖取下，把金属件倒置，然后把伸出来的部分向里弯折。

02

把金属件挂在果酱瓶里，在正中央放上球根，让水刚好能碰到球根的底部，放到阴凉处。

03

长出少量根系之后，为了给球根和根系留出足够的生长空间，可以稍稍降低水位。一周换一次水就够了。

04

长出大量根系之后，将它移动到明亮的区域。为了防止忘记名字，记得给瓶子贴上标签。

餐桌上放在复古
果酱瓶里的风信子

复古陶瓷瓶里的风信子

复古铁皮罐与风信子
一定是最佳的搭配吧

将手握杯作为风信子的
水培容器，清爽又漂亮

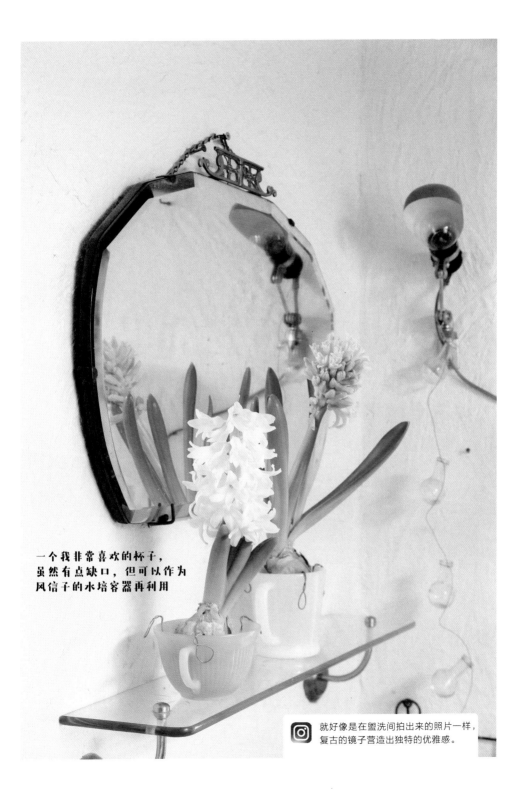

一个我非常喜欢的杯子，
虽然有点缺口，但可以作为
风信子的水培容器再利用

就好像是在盥洗间拍出来的照片一样，
复古的镜子营造出独特的优雅感。

刷上自己喜欢的颜色，
创造出独一无二的试管架♪

试管架上色后用来
水培多肉植物

从百元店购入的试管套装，自己上色之后，
用来水培多肉植物，会非常有意思。

准备的物品：试管、试管架、丙烯颜料、毛刷、多肉植物

O1

用丙烯颜料给试管架上色。

O2

等待干燥。

O3

把多肉植物放进试管就完成了。注意不要让叶子接触到水。

小贴士：把试管架刷成白木色也挺可爱的。

花期结束后的
水培风信子

水培风信子的花盛开后非常漂亮。水培到开花的风信子，会消耗大量的养分，大家都说风信子开完花以后它的生命就基本上结束了。花期结束后风信子到底应该怎么办呢？
即使觉得惋惜，我还是把它们埋在了花园的种植盆里，想着就这样让它们回归地球吧。

不过也有第二年再开花的风信子。粉色系的复花比较多，和之前的花相比虽然小了点，但是也非常可爱。有些虽然第二年没有开花，但是两三年之后又奇迹般地复活了。如果有种植它们的地方，就先不要丢掉它们啦！

把开完的花从根部剪下。

在种植盆里挖一个坑。

把风信子埋好。

前年种的开花后的风信子，现在已经可以看到新开的花了。

Arranging Dried Flowers
第四章 用干花做装饰

一起把花园里的花或是收到的花做成干花吧。
随着干燥时间的增加，
花朵开始呈现和鲜花不一样的颜色和质感，
会是一个非常有意思的过程。

把安娜贝拉绣球做成干花

安娜贝拉属于绣球的一种。
每年花园里开的安娜贝拉绣球
都装满了自行车的篮子。

大量盛开的安娜贝拉绣球，从七月的第二周开始由白色转变为石灰绿。摇一摇花瓣，沙沙作响的时候就可以收获啦。安娜贝拉绣球属于会在第二年春天继续在新枝开花的品种，所以用剪刀把花剪掉也没关系。

和大花绣球不一样的是，安娜贝拉绣球即便在冬天枯萎了，第二年也会生出大量的花芽，扦插起来也很简单。根据种植地域的不同，安娜贝拉绣球的干花在一年之后仍然保持绿色的情况也是有的。

01

小贴士

冬天的时候把安娜贝拉绣球修剪得很短也没关系，因为到了春天它又会冒出新芽。请在12月之前进行修剪。

在晴朗的天气把安娜贝拉绣球剪下来后挂在室内。如果是下雨之后修剪的话，需要先在空调房内放置一晚。

02

03

将安娜贝拉绣球悬挂一周左右，确认彻底干燥之后就可以把它们取下来了。在直射阳光下干燥的话安娜贝拉绣球会变成茶色，因此最好是将它们放在没有阳光的场所进行干燥。

这是变色一年后的安娜贝拉绣球，一年一年下来，复古的深色会慢慢凸显出来。也有人会偏爱这种蜂蜜色的安娜贝拉绣球。

安娜贝拉绣球的栽培方法

可以从幼苗开始培育。五月左右花
店就会开始售卖安娜贝拉绣球。如
果你家附近没有花店的话，你也可
以在网上找比较便宜的花种购买。
安娜贝拉绣球是比较容易栽培的品
种，也可以轻松制成干花。

01

庭院里种的安娜贝拉绣球已
经有很多花蕾了。最开始是
清爽的石灰绿。

02

花开之后，就开始由绿色向白
色转变。一堆小小的花看起来
就好像还在继续开放一样。

03

植株长大之后，只靠自然支
撑已经不够了。需要把安娜
贝拉绣球用麻绳围起来固定
在篱笆上。

04

如果没有篱笆的话，只用绳
子绕一圈也可以使植株不那
么容易倒。注意不要绕得太
紧，否则花会容易枯萎。

05

七月中旬，安娜贝拉绣球的花
全部变成石灰绿。当绿色的花
变得饱满、沙沙作响的时候，
就可以将它们剪下来了。

小贴士 🖌 盆栽绣球也可以开
出大量的花，绣球非常喜欢
水，注意千万不要让它缺水。

扦插繁殖安娜贝拉绣球

生长旺盛的安娜贝拉绣球扦插起来也非常简单。一般来说绣球的扦插适合在梅雨季节进行，也就是说六七月比较合适，但也有人认为八月或二月更合适。在根生长出来之前要特别注意千万不要断水。

小贴士 在水里加入少量的美能露（活力剂），可以增加成活率；不加的话也没什么问题。

剪掉过长的枝条。枝条下端用剪刀或小刀斜切。修剪后保留两节就可以了。

长枝可以剪成1~3个插穗，摘掉下端的叶片。如果有花，可以剪下来插到花瓶里。

把剪下来的插穗插到水里，在日阴处放置几个小时。

用湿润的赤玉土或鹿沼土作扦插土，把插穗插入土里。注意不要断水，放到日阴或者半日阴的地方（盆底可以放置保水用的浅盘）。

大约一个月左右安娜贝拉绣球就会生根，两个月之后，需要将它移栽到光照充足或半日阴的区域，也可以移栽到较大的盆里。

小贴士 剪下来的安娜贝拉绣球就放到瓶子里好好欣赏吧。

和朋友一起的下午茶时光
都变得更加有趣了♪

金合欢的简单悬挂装饰

用金合欢制作蓬松柔软的悬挂装饰。
悬挂装饰就是挂在天花板上的装饰，
是一种充分利用空间来达到装饰效果的方法。
我们可以从各个角度欣赏它的美，
而且垂吊着的植物日后还可以变成干花。

准备的物品： 金合欢、悬挂台、带钩子的铁链、延长链

小贴士 与绳子和渔线相比，带钩子的铁链和悬挂台会更搭一些。

01

在悬挂台上选择三等分点作为平衡点，将带钩子的铁链挂在上面。如果藤条太粗导致链子无法插入，可用铁丝或者线来固定。

02

加上延长链后将它悬挂起来调整平衡。

03

把金合欢修剪成5~13厘米的长度，为了方便全方位观赏，可以多准备一些。

04

将金合欢插到藤条里去，插不进去的话，可以用胶合板、木夹、金属线帮助固定。

05

有裂纹的切口位置可以用亚麻布遮住。在布上加盖一个印章做装饰也是不错的选择。

06

确认平衡之后，把它挂在适当的位置，整个空间都会变得非常优雅。记得一定要注意保湿。

用风船葛制作
干花花环

小贴士 风船葛属于藤本的一年生植物，秋天可以收获非常多的种子。为了来年的春天不会忘记播种，我在秋天到来的时候做了风船葛的花环挂在玄关上。只需要把它们做成圆形的花环挂起来就可以自然风干了。

风船葛在夏天会开出白色的小花，十一月前会结出很多可爱的绿色灯笼一样的果实。等种子变成茶色之后就可以保存下来留到明年播种了。

秋天种子变成茶色之后，就爽快地把藤条取下来做成花环吧。

花环完成两周之后的状态——已经彻底风干，颜色也发生了变化。在春天播种之前都可以继续挂着，在气温快速上升的四月至六月开始播种。

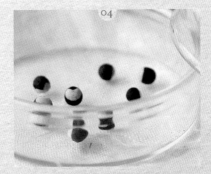

把风船葛的果实弄破之后就可以得到种子了，它们看起来像米奇还是像猴子？心形的种子十分可爱，被称为"幸福之种"。

即使就这么静静地挂着，干花
也可以成为别具一格的装饰♪

简单的圣诞玫瑰
倒挂花束

"swag"是壁挂装饰的意思。
可以用花园或者路边的花草，
做成和花束类似但是更小一点的"swag"。
这一次使用的是花园里开得正好的圣诞玫瑰。

准备的物品： 圣诞玫瑰、花园里或路边的花草、剪刀、胶带或者绳子、铁丝、拉菲绳

把变成绿色的圣诞玫瑰剪下来，几根放在一起用胶带或者绳子捆好，在室内悬挂风干，待其完全干燥。

剪下花园里或路边可以使用的花草，挂起来风干一周以上，做成干花。

干叶兰枝条比较松散，非常适合倒挂花束的多变风格。因此我十分推荐把它加入花束中。

修剪花茎的长度，使之整齐而富有层次感。用铁丝或麻绳将花束捆扎起来，壁挂的部分就完成了。

最后用拉菲绳装饰一下，就可以挂在墙上作为装饰啦！也有一些花在变成干花的过程中会从绿色变成复古粉色。

用多花桉的叶子 做印章吧

OI

用印章把图案印在叶子上。

O2

把印好的叶子夹在书里，几天时间就可以完成了。

094

将考拉喜欢的尤加利树作为家中的主景树也是非常特别的。它的种类非常多，如果要从中选择一种的话，那一定是有着圆圆的心形叶的多花桉。朴实、可爱的绿色心形叶子又被称为"银叶"。

用印章在多花桉叶子上印上图案之后可以将它作为书签送给朋友。虽然刚开始也会有些担心，但是当收到的人笑着说出"太可爱了"的时候，真的感到非常开心。

将多花桉捆起来做成
倒挂花束的话，
很快就可以变成干花，
还可以给房间增加高级感

之前剪下来挂着的帝王花和班克木已经变成干花了。高温高湿的环境不适合制作干花，夏天室内有空调的话就可以很快做好。把干花挂在屋外和窗边会很容易褪色，记得要挂在室内比较暗的地方。

第五章 制作与多肉植物搭配的容器吧

使用烧烤时用过的烤网、
制作玉子烧剩下的蛋壳来制作
和多肉植物搭配的容器吧。

DIY可爱的"蛋壳多肉"

小小蛋壳里露出的多肉植物,自带温暖的治愈力。
蛋壳很容易碎,拿取的时候要格外注意。

蛋壳轻轻地躺在鸟巢里,多肉植物
正在里面悄悄地看着你♪

准备的物品： 蛋壳、竹签、木工用黏合剂、毛刷、带黏合剂的Nelsol（尼尔森图）土、多肉植物、镊子、藤球、椰棕丝、钢丝或铁丝、碗、勺子、塑料瓶盖

小贴士 如果可以的话尽量把蛋壳里的那层薄皮剥掉，实在剥不掉的话保持原样也可以。

01

为了使蛋壳放置得更加稳固，把它较圆的一头朝下，较尖的一头轻轻敲开，洗净之后晾干。

02

用水性清漆或透明指甲油都可以

用毛刷蘸上木工用黏合剂在蛋壳表面涂一遍，如果比较难涂的话，可以蘸点水，涂的时候小心不要把蛋壳弄破。干燥之后再重复涂2~3遍。

03

用竹签在蛋壳底部由内向外开一个直径2~3毫米的孔。

04

把Nelsol土用勺子搅拌到拉丝状态。一般的花卉用土也可以，不过蛋壳里倾斜种植的多肉植物有可能会掉出来。

05

蛋壳下面放的是塑料瓶盖

把搅拌好的Nelsol土用勺子快速装入蛋壳，再用镊子或竹签把多肉植物种进去。

06

用手把藤球压扁。用铁丝或钢丝插进去一圈圈缠起来，做成鸟巢的形状，把拆至松散的椰棕丝覆盖在上面，再放上蛋壳。

 ## 用烧烤的烤网制作
寄植多肉植物的容器

使用烧烤用的烤网，制作可以盛放一堆多肉植物的"袋子"。多肉植物的蒸腾作用较弱，浇水的时间点比较难确定。在寄植的"袋子"里放上椰棕丝，可以加速水分蒸发，防止根部腐烂。

准备的物品：多肉植物（有些是剪下来的枝条，带根的苗也可以）、带支架的烤网、金属数字板、椰棕丝、用来折叠烤网的木板、园艺土、铲子、钳子、尖嘴钳、铁丝、镊子、丙烯颜料、毛刷、明信片

为了去除烤网的光泽，先用炉子烤一下。等到烤网表面没那么亮的时候就差不多完成了。

把木板放在烤网的正中间，左手压住木板，右手把烤网折起来，做成袋子的形状。

把金属数字板用铁丝固定到烤网上，绑紧。你也可以把自己喜欢的东西贴上去做装饰。

将两侧用铁丝按"之"字形编到一起，把开头和结尾处拧紧。

用丙烯颜料把提手部分涂好（不蘸水涂起来会比较方便）。

剪下合适大小的椰棕丝，放到"袋子"底部，用一次性筷子压实。

把明信片（厚纸也可以）放到中间，前后全部铺上椰棕丝，形成中间可以放土的口袋。

把明信片拿出来，在口袋里装入土，用一次性筷子把土压实。

把多肉植物用镊子栽种好，然后把多余的土去掉就可以了。

把不同的物件一个个变成
种花的容器

收到的装仙贝等土特产的罐子，
在吃完了美味的食物之后，它们就变成了制作个性铁皮罐的材料。
油漆罐也是，即便不对它的盖子做任何处理，看起来也是很漂亮的。
这样看来，没有什么物品是不能重复利用的。

这是一个油漆罐的盖子。剪下比
盖子直径稍大的铁网，用铁丝固
定在上面就完成了。

把装点心的铁皮盒涂上颜色。除了在盒子的底部贴上英文报纸，还可以做很多事情。盒子表面的铁锈也非常有味道。

这是使用消防软管制作的袋子。消防软管非常结实，所以没办法缝合，我绞尽脑汁才想到使用开尾钉。消防软管完全防水，所以很适合用作花盆。完成后我还用橡皮图章在袋子上印上了文字。

送给朋友做礼物的话应该会
让人感到非常愉快吧

把多肉植物组合
做成复活节彩蛋吧

给蛋壳涂上各种颜色，种好多肉植物之后，
一起过复活节吧！从蛋壳里钻出来的"多肉
宝宝"也非常符合复活节的气氛。

准备的物品： 蛋壳、竹签、木工用黏合剂、毛刷、带黏合剂的Nelsol土（普通花土也可以）、多肉植物、丙烯颜料、海绵、装饰蛋壳用的旧邮票、镊子、碗、勺子

小贴士 用木工用黏合剂将蛋壳多涂几遍，可以使它更坚固，虽然过程有些麻烦，但这样即使多肉植物长大之后也不会把蛋壳弄破，可以长时间欣赏。

01

在蛋壳里种植多肉植物，先要给蛋壳开孔（请参考第99页），然后用丙烯颜料上色。丙烯颜料属于水性颜料，干燥后具有耐水性。如果刷毛导致上色不均匀也不用在意。

02

普通海绵或布都可以

蛋壳要充分干燥，可以用吹风机吹干。干燥之后用海绵蘸上丙烯颜料一点点轻压，然后等颜料干燥。

03

动作一定要轻，不要把蛋壳弄破

把旧邮票用木工用黏合剂贴在蛋壳合适的位置上。

04

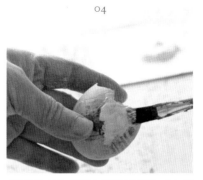

全部干燥之后，再用木工用黏合剂涂一次。用竹签在底部开一个直径2毫米左右的孔，把Nelsol土放进去之后种上多肉植物，就大功告成啦。

105

用拉菲绳做扎带
制作圣诞花环♪

用滤碗制作圣诞小花环

使用从百元店购入的小滤碗来制作多肉植物花环。选择
不同品种的多肉植物来营造华丽的效果吧。
既可以先用剪刀把多肉植物剪成适当的长度后插入土中,
也可以直接选择适合花环大小的整株多肉植物。

准备的物品：不同品种的多肉植物、直径约18厘米的小滤碗（底部有台子的那种）、带黏合剂的Nelsol土、可以剪金属的剪刀或者钳子、尖嘴钳、镊子、黑色丙烯颜料、毛刷、细铁丝

小贴士 刚剪下来的多肉植物切口会有黏液，应放置两三天，待其晾干之后再使用，防止细菌感染。

OI

用可以剪金属的剪刀把滤碗的底部剪掉，用尖嘴钳把切口折弯以防划伤手。把圆形的部分往上折起来，形状类似甜甜圈。

O2

把铁丝穿过滤碗，制作悬挂的部分。边缘和中心的部分涂上丙烯颜料。为了防止泥土掉落，每隔两三厘米用铁丝绕一圈。

O3

把土和水混合，放到"甜甜圈"里，放进去之后就看不到铁丝了。

O4

没有根的多肉植物种起来比较困难，可将其尾部用两三厘米长的铁丝缠起来再插入土里，这样会比较方便。

O5

用镊子或筷子把多肉植物种下去，先确定好中心的位置再种比较好。

O6

用Nelsol土固定3天之后再把花环挂起来。等多肉植物放到稍微有点蔫了之后再喷水。

可爱的
多肉植物藤球♪

用稻草绳和藤球
制作新年花环

用稻草绳和藤球搭配多肉植物
制作的新年花环，
只是稍微增加了一点点装饰品，
就能呈现出完全不一样的效果！

准备的物品： 不同品种的多肉植物、装饰用
的稻草绳、两只藤球（一大一小）、带黏合
剂的Nelsol土、椰棕丝、铁丝、尖嘴钳、剪
刀、镊子

小贴士 装饰用的稻草绳和藤球都可以在
百元店买到。

01

稻草绳上的松果和假松枝可以直接使用，选择简单的东西会更容易制作。

02

把小藤球压成两三厘米厚，中间用铁丝穿过。

03

把大藤球中间撑大，用铁丝帮助固定形状。

04

分别在大小藤球里铺上薄薄的一层椰棕丝。

05

把小藤球固定在松果旁边。

06

剪掉多余的铁丝

把铁丝从大藤球的孔隙中穿过，挂起来调整平衡，确定位置和长度之后固定好。

07

在大小藤球里分别装入土，把多肉植物用镊子种进去。

08

Nelsol土放置3天之后再把花环悬挂起来。

09

可以把贺年卡剪一下，贴到花环上。用自己写的贺年卡装饰也是可以的。

用写了字的
心叶球兰做情人节礼物

情人节快到的时候总能看到
心形叶子的心叶球兰出现在各个地方。
在心叶球兰上写上想要传达的心意，和巧克力一起作为礼物，
给对方一个大大的惊喜吧！

心叶球兰原产地是泰国，
当地有送心叶球兰恋情
就会实现的传说

准备的物品： 心叶球兰、水苔、玻璃瓶、白色油性笔

01

把心叶球兰从盆里拔出来，去掉土。

02

用白色油性笔在心叶球兰上写下想要传达的文字。用丙烯颜料也是可以的 。

03

因为要放在室内，所以选择用水苔代替盆土。把浸泡过的水苔挤掉多余的水之后放入瓶里，心叶球兰的根也用水苔包住。

04

把心叶球兰放到瓶里，用一次性筷子把水苔压实。瓶口边缘可以用皮革、麻绳或是拉菲绳装饰一下。

Let's Take "Instagenic" Photos

第六章 来拍摄Ins风的照片吧

把植物种入装饰好的铁皮罐后，给它拍张照上传到社交媒体上吧。
如果你学会了前面的造型方法和本章的摄影技巧，肯定可以拍出很棒的照片。
书中呈现的作品、造型和摄影是由造型制作人洼田千纮教授完成的。

📷 Lesson 1
第一课

用微距让日常照片
瞬间变得高级

📷 Lesson 2
第二课

在墙壁前决定被拍摄物体的
主次位置

Shooting
摄影

Styling
造型

微距模式简单来说就是聚焦在被拍摄的物体上，
并使周围的物体全部虚化。拍摄时使用手机的
人像模式，就可以拍出这种效果的照片了。

刚刚开始练习拍照时，最基本的造型方法是，
在白色或者茶色的墙面前放置被拍摄的物体。
保持相机和被拍摄物处于同一高度，从正面和侧面拍摄。关键是不要把周围其他的物体拍进去，始终要给被拍摄物体特写镜头。这个时候最重要的是"决定谁是主角"，无论是拍杂货还是室内装饰，都要有"我想把它拍得最显眼"的精神。这个作品的主角是多肉植物，确定主角之后，用相机的微距功能虚化掉背景，整张照片就会变得完全不一样了。微距是现在的智能手机都有的功能，操作起来也非常简单。

Shooting
摄影

在房间内拍摄的时候，借助自然光拍出的照片会比较漂亮。尝试关掉灯，利用柔和的阳光拍摄吧。

Lesson 3
第三课
用椅子来
营造室内的气氛

Styling
造型

这张照片的关键是把作为主角的多肉植物摆放在椅子上。这是一个非常重要的技巧，可以更加凸显室内装饰的效果。后面放上极具复古感的热带植物，照片会更有层次感。拍摄时我们把焦点移到被拍摄物体上，专业的感觉就出来了。

Shooting
摄影

在户外摄影的诀窍是选择多云的天气。虽然有些摄影师会说选择晴朗的天气比较好，但是多云的天气更容易使照片产生柔和的感觉。

Lesson 4
第四课
用同色系组合
拍出帅气的照片

Styling
造型

将铁皮罐放到一起会产生统一的高级感。不仅局限于罐头，箱子、丝带等都可以。关键是协调画面中的颜色，这张照片中出现的颜色都是统一的深灰色调，比较有整体感。

Shooting
摄影

根据被拍摄物品的特性或者风格，随机应变地决定要不要进行模糊处理。

⊡ Lesson 5

第五课

在窗户旁做造型
并把窗户拍摄进去

Styling

造型

下面两张照片是在同一个房间的窗户前面拍摄的。
在窗边摆出造型，并把窗户一起拍摄进去，好
像在国外网站上看到的照片一样。高桥女士对
窗框的造型也十分讲究，这样更能展现出独特
的一面。

左边这张照片的要点是让花环从上方垂悬下来，
这样就产生了生活中缺失的华丽感。

右边的照片是第四课所学知识的集合，收集各
种不需要花钱的瓶子，用风信子营造出一种梦
幻的气氛。造型的重点是以白色的瓶子为主，
然后将蓝色瓶子穿插其中。这样就能表现出高
级感以及生活中特有的乐趣。

Shooting

摄影

比起有直射阳光的白天，利用早上柔和的晨光
拍出的照片会更漂亮，照片整体色调偏蓝，会
给人一种清爽的感觉。

Sugar Pine物语

"不要在意一些小的细节，慢慢地做出来看看吧。"抱着这样的想法，高桥洋子女士对废弃的物品进行改造，然后和植物搭配在一起。她的店铺Sugar Pine，是喜欢室内装饰的人的梦想之地。摄影师矢野美佐枝先生和高桥女士因为铁皮桶和植物而相遇，然后便听到了关于Sugar Pine的故事。

矢野美佐枝 / 文

Sugar Pine的历史，是从跳蚤市场活动开始的

2005年，Sugar Pine在高桥女士的丈夫经营的木材店旁边开张了。高桥女士本来就喜欢做油漆工，也喜欢复古的东西。因为可以给木材上漆，让她有机会认识进口国外复古家具和旧工具的人，这是个幸运的开端。同年秋天，京都山里举办了一场极具欧洲风情的Mogitori Sale跳蚤市场活动，活动曾在人气室内杂志上进行宣传，同时还引发了许多网络上的话题讨论。高桥女士从第三次活动（2006年）开始参与。她带去的复古杂货、外国画作和二手的花园物品都受到了很多好评。2007年的活动上她开始出售铁皮桶。

这也正好是面向女性的自然家居杂志Come Home!（主妇与生活社）创刊的时间，在废弃物花园广泛流行之前。弄得破破烂烂再上色的罐

子和生锈的铁皮罐卖得飞快。高桥女士制作了种植多肉植物的铁皮罐样品之后，想要购买的顾客越来越多。后来她把在家里培育的多肉植物种到铁皮罐里，"多肉铁皮罐"便和二手园艺商品一起，成为销售总量上万的人气商品。11年前，高桥女士就已经完成了现在的废弃物花园Sugar Pine。

在Lohas Festa（乐活市集）出摊

对跳蚤市场活动已经轻车熟路的高桥女士，开始考虑参与以时尚环保和生活为主题的Lohas Festa。2007年10月开始参与时，她主要是贩卖二手的花园杂货。之后每次举办活动的时候，店里总是人满为患。高桥女士作为市集摊主的榜样受到大家关注，被称为"旧物之神"。但是，连续两场活动、每年6次参展太耗费精力，那时候跳蚤市场正好在转移会场，于是她就把精力都集中在了Lohas Festa上。

竟然有北海道的客人专程前来

参与各种线下活动快速提高了店铺的知名度，很多关注了博客和网店的客人专程来到实体店铺。复古的室内装饰风格流行的时候，北到北海道、南到九州，年轻或年长的客人都来到店里购买自

己心仪的物品。有些客人是出于店铺装修的需要，同时买了二手家具和花园杂货然后一起用卡车拉走。客人里面，比较多的是30岁左右有孩子的女性，平时会来买一些便宜的二手杂货或者花园杂货，她们通常会和高桥女士聊上几句再回家，很多都成了高桥女士的好朋友。

为绿色生活发声，为大家提供帮助

高桥女士制作的东西，得到了很多喜欢尝试新鲜事物的年轻人的支持。这么多年一直坚持下来，同时做相似东西的人也在增加。"参加活动有种筋疲力尽的感觉，想用一种更轻松的方式给大家传递快乐生活的方法"，抱着这样的想法，她开始在博客上公开制作方法。

"现在的人气生活博客里，相对鲜花来说，用其他植物装饰的人更多。这些植物已经扎根在我们的生活里。"高桥女士说道。很多妈妈们忙于工作和照顾孩子，没有充足的时间，她们想找到不需要每天浇水、生命力顽强的植物。这样的植物存在吗？多肉正是这样的植物。

"用比较低的价格就能入手很多不同品种的多肉植物。把它们放在狭窄的庭院或者门廊里，作为紧凑又可爱的装饰，这不就是它们受欢迎的理由吗？"高桥女士说道。

到现在，她已经买了一大堆不值钱的旧物，并把

它们一一重新改造。"时不时地，丈夫会怒吼道，'就知道买这些垃圾，快送回去'。"高桥女士笑着说。虽然是这么说，但是丈夫还是会常常帮着做木工，还有他并不擅长的电脑操作，参加活动的时候也会帮忙开两吨重的卡车。Sugar Pine是夫妇两人齐心协力的证明。

如今的高桥女士，当发现可以重复利用的旧物的时候，还是不禁会想"怎样才能把它们做成可爱的造型呢"，眼中还是会发出少女一样的光彩。Sugar Pine的故事还在继续。